Armin Täubner

Riesengroße Weihnachtsmänner

Fensterbilder aus Glanzkarton

frechverlag

Im frechverlag sind von Armin Täubner zahlreiche Bücher zum Thema „Basteln mit Tonkarton“ erschienen. Hier eine Auswahl:

TOPP 1981

TOPP 1839

Fotos: frechverlag GmbH + Co. Druck KG, 70499 Stuttgart; Birgitt Gutermuth

Auflage: 9. 8. 7.
Jahr: 2000 99 98 97

Letzte Zahlen maßgebend

frechverlag GmbH + Co. Druck KG, D-70499 Stuttgart

ISBN 3-7724-1846-5 · Best.-Nr. 1846

Druck: frechverlag GmbH + Co. Druck KG, D-70499 Stuttgart

Glanzkarton ist einseitig mit einer glänzenden Oberfläche beschichtet und in den Formaten 35 cm x 50 cm und 50 cm x 70 cm im Fachhandel erhältlich. Für fast alle Fensterbilder dieser Mappe ist das kleine Format ausreichend. Ihre Fensterbilder können Sie dann an einem Faden oder mit Klebeplättchen befestigen.

Ganz schön groß, was sich hier so an Ihrem Fenster breitmachen will: Riesengroße Weihnachtsmänner haben ausgerechnet Ihre Wohnung ausgesucht, um sich auf den Weg zur Bescherung zu machen, mal von hoch oben aus den Lüften, mal zu Fuß und auf den Skiern und manchmal auch gemeinsam mit ihrem Rentier.

Die Weihnachtsmänner werden aus Glanzkarton gearbeitet, der mit seiner glänzenden und farbintensiven Oberfläche besonders hübsch wirkt.
Oft sind zu den Figuren verschiedene Elemente arrangiert, Sterne, Schneeflächen, Tannenbäume, ... Sie können damit ganz nach Belieben variieren und kombinieren, Sie können damit ganze Fensterfronten oder Terrassentüren weihnachtlich dekorieren.

Und weil die Weihnachtsmänner wirklich ganz schön groß sind – teilweise über 40 Zentimeter – muß man einfach eines sagen:

Das ist ein riesengroßer Weihnachts-Bastelspaß!

Schritt-für-Schritt-Anleitung

1 Alle Teile des ausgewählten Motivs werden ohne Überschneidungen auf Transparent- oder Butterbrotpapier übertragen, das Sie anschließend auf dünnen Karton kleben.

2 Mit der Schere oder dem Cutter schneiden Sie diese Teile sorgfältig aus. Wenn Sie mit einem Cutter arbeiten, sollten Sie eine Schneideunterlage benutzen; zur Not genügt auch ein fester Karton.

3 Dann werden die ausgeschnittenen Schablonen auf den Glanzkarton der gewünschten Farbe gelegt und mit einem wasserfesten Folienstift umfahren.

4 Schneiden Sie die Teile aus, und fügen Sie Ihr Fensterbild zusammen – die Vorlage und das Foto geben Ihnen dabei Positionierungshilfen.

Als Klebstoff eignen sich nur Klebestifte. Manche Klebstoffe und Bastelleime verändern durch den Karton hindurch die glänzende Oberfläche; Sie sollten Ihren Klebstoff deshalb vorher unbedingt testen!

Der Weihnachtsmann kommt

Glanzkarton 35 cm x 50 cm
in Rot und Weiß
Glanzkartonreste in Schwarz
und Rosa

Beschreibung Seite 6

Der Weihnachtsmann kommt

Abbildung Seite 5

Am roten Mantel befestigen Sie von vorne das weiße Haar-Bart-Teil mit dem aufgeklebten Gesicht sowie den Mantelsaum und die Knöpfe (ø 2,5 cm).
Von hinten werden noch die Hände und die Schuhe angebracht.

Heute ist Bescherung

Abbildung Seite 7

Glanzkarton 35 cm x 50 cm in Rot, Weiß, Rosa und Braun, evtl. in Gelb (Sterne) oder in Grün (Tanne)

Am Mantel wird zuerst das Haar-Bart-Teil samt Gesicht befestigt.
Anschließend kleben Sie den weißen Mantelsaum, dann den Sack, den Stock und die Hände sowie die Knöpfe (ø 2 cm) an.
Gefallen Ihnen die Sterne oder der Tannenbaum besser?

Auf zu den Kindern!

Glanzkarton 35 cm x 50 cm
in Rot, Grün, Braun und Weiß
Glanzkartonreste in Rosa
und Schwarz

Am Kopf wird zuerst das weiße Haar-Bart-Teil befestigt. Darauf kleben Sie das rosafarbene Gesichtsteil, die Nase und das Auge.
Fixieren Sie die Hand von hinten am Ärmel, bevor er am Mantel angebracht wird.

Jetzt fehlt noch der Stiefel, der ebenfalls von hinten ergänzt wird.
Legen Sie den braunen Sack bündig an die Schlittenoberkante, und setzen Sie dann den fertigen Weihnachtsmann auf den Schlitten, der auf der Schneefläche steht.

Das war zu flott!

Beginnen Sie mit dem Anbringen des weißen Haar-Bart-Teils. Anschließend werden das Gesichtsteil, die Nase und das Auge fixiert.
Am unteren Mantelrand wird das schwarze Schuhteil (punktierte Linie) angebracht und darauf der weiße Mantelsaum befestigt. Die Skier kleben Sie von hinten an die Stiefel.

Glanzkarton 35 cm x 50 cm in Rot, Weiß, Schwarz und Grün
Glanzkartonreste in Rosa

Ein zweiteiliger Skistock wird mit dem linken Arm am Mantel fixiert; den zweiten Skistock kleben Sie zusammen mit der Schneefläche von hinten an den verunglückten Weihnachtsmann.

Auf dem richtigen Weg

Glanzkarton 35 cm x 50 cm in Rot, Weiß und Braun
Glanzkartonreste in Rosa, Schwarz, Gelb und Orange

Kleben Sie das Haar-Bart-Teil auf den Kopf. Darauf bringen Sie nun das rosafarbene Gesichtsteil, die Nase, das Auge und den Mund an.
Fixieren Sie den weißen Mantelsaum.
An den Ärmeln werden von hinten die Hände angebracht.
Die linke Hand hält den Stock; bei der rechten Hand wird die brennende Kerze in den Einschnitt am Daumen geschoben und erst dann das separate Fingerteil aufgeklebt.
Das Rentier arbeiten Sie aus weißem Glanzkarton, ergänzen die Hufe, das Innenohr, das Auge und die Nase.

Es ist Weihnachten!

Glanzkarton 35 cm x 50 cm in Rot, Weiß und evtl. in Grün
Glanzkartonreste in Rosa, Schwarz und evtl. in Gelb

Das weiße Haar-Bart-Teil wird am Kopf befestigt. Anschließend kleben Sie das Gesicht mit Augen, Nase und Mund auf. Bevor der weiße Mantelsaum angebracht wird, fixieren Sie die Stiefel. Abschließend werden noch von hinten die Hände und von vorne die Mantelknöpfe ergänzt.
Stellen Sie den Weihnachtsmann entweder unter den Sternenbogen oder hinter die Tanne auf die Schneefläche.

Der Weg ist noch weit!

Glanzkarton 35 cm x 50 cm in Rot, Braun und Weiß
Glanzkartonreste in Rosa, Schwarz und evtl. in Gelb

Auf den Kopf des Weihnachtsmannes kleben Sie zuerst das weiße Haar-Bart-Teil und darauf das rosafarbene Gesichtsteil sowie die Nase, das Auge und den Mund.
Anschließend werden die Stiefel, der weiße Mantelsaum und der Sack angebracht.
Am roten Körper fixieren Sie dann noch den linken Ärmel mit der dahintergeklebten Hand und den Stock.
Das Rentier wird aus weißem Glanzkarton gearbeitet.

Dort steht der Stern!

Kleben Sie das weiße Haar-Bart-Teil auf den Kopf des Weihnachtsmannes. Anschließend werden das Gesichtsteil, die Nase, das Auge und der Mund angebracht. Nun befestigen Sie die Knöpfe, den linken Ärmel samt Hand und den weißen Saum am Mantel. Und am Himmel leuchtet der Stern!

Glanzkarton
35 cm x 50 cm
in Rot, Weiß
und Gelb
Glanzkartonreste in Rosa
und Schwarz

Achtung, ich lande!

Beschreibung Seite 18

Achtung, ich lande!

Abbildung Seite 17

Glanzkarton 35 cm x 50 cm in Rot (2 x), Weiß und Rosa (je 1 x) Glanzkartonreste in Schwarz

Am Kopf wird das weiße Haar-Bart-Teil mit dem aufgeklebten Gesicht befestigt.
Die Stiefel fixieren Sie am unteren Mantelrand, bevor Sie den weißen Saum und die Knöpfe anbringen.
Kleben Sie die Hände an die Ärmel, dann schieben Sie die Zipfel des zweiteiligen Sprungtuches in die Einschnitte an den Daumen und befestigen die beiden separat abgebildeten Fingerteile (punktierte Linien).

Hallo, kleiner Freund!

Glanzkarton 35 cm x 50 cm in Rot, Weiß, Braun und Gelb Glanzkarton 50 cm x 70 cm in Grün Glanzkartonreste in Rosa und Schwarz

Am Kopf des Weihnachtsmannes wird das weiße Haar-Bart-Teil mit dem aufgeklebten Gesicht befestigt.
Anschließend die Hand am roten Rumpfteil fixieren, bevor der Ärmel angebracht wird.
Kleben Sie die Schuhe und schließlich den weißen Saum an den unteren Mantelrand.
Der mit Sternen geschmückte Tannenbaum wird auf der Schneefläche plaziert, den Weihnachtsmann und den Hasen ergänzen Sie von vorne.

Hast Du auch für mich etwas mitgebracht?

Glanzkarton 35 cm x 50 cm in Rot, Weiß und Braun
Glanzkarton 50 cm x 70 cm in Grün
Glanzkartonreste in Rosa, Orange und Schwarz

Das Haar-Bart-Teil wird mit dem aufgeklebten Gesicht am Kopf befestigt. Anschließend fixieren Sie den Mantelsaum und die Knöpfe. Nun wird der Ärmel mit der Hand angebracht.

Setzen Sie das Eichhörnchen auf die ausgestreckte Hand, während der Hase am Mantel befestigt wird.
Von hinten wird dann noch die Tanne ergänzt.

Frohes Fest!

Beschreibung Seite 22

Frohes Fest!

Abbildung Seite 21

Glanzkarton 35 cm x 50 cm in Rot, Weiß und Grün Glanzkartonreste in Schwarz und Rosa

Kleben Sie das weiße Haar-Bart-Teil mit dem fertigen Gesicht auf den Kopf des Weihnachtsmannes.
Die rechte Hand und die Knöpfe werden von vorne, die linke Hand von hinten am Mantel fixiert.
Schieben Sie die Stange der Tafel hinter den Daumen der linken Hand, erst dann wird das separat gearbeitete Fingerteil aufgeklebt.
Zum Schluß wird der Weihnachtsmann noch auf die Schneefläche gestellt.

Im Wolkenflug

Glanzkarton 35 cm x 50 cm in Weiß (2 x), Rot, Braun und Gelb (je 1 x) Glanzkartonreste in Rosa und Schwarz

Am Kopf wird das weiße Haar-Bart-Teil mit dem aufgeklebten Gesicht befestigt.
Anschließend werden der Ärmel mit der Hand sowie die Stiefel angebracht.
Am Sack kleben Sie die zweiteilige Schnur an, befestigen ihn auf der verzierten Wolke und lassen zum Schluß auch noch den Weihnachtsmann mitfliegen.

Jetzt wird abgeladen!

Glanzkarton 35 cm x 50 cm
in Rot und Weiß
Glanzkartonreste in Rosa,
Schwarz, Gelb und Grün

Kleben Sie das rosafarbene Gesichtsteil, die Nase und das Auge auf das weiße Haar-Bart-Teil, das anschließend am Kopf des Weihnachtsmannes befestigt wird. Nun fixieren Sie die Hand und anschließend den Ärmel am Mantel. Vergessen Sie den Mantelsaum nicht!

Am Rentierkopf kleben Sie das Auge, die Nase und das zweiteilige Ohr an. Dann erhält der treue Helfer des Weihnachtsmannes noch sein Halsband und die Hufe. Die Päckchen werden von hinten an der Packtasche befestigt, bevor sie auf dem Rentierrücken angebracht wird.